U0296245

中国建筑史人物100

筑境

筑境

中国精致建筑100

书院建筑

中国建筑工业出版社

出版说明

中国是一个地大物博、历史悠久的文明古国。自历史的脚步迈入新世纪大门以来，她越来越成为世人瞩目的焦点，正不断向世人绽放她历史上曾具有的魅力和光辉异彩。当代中国的经济腾飞、古代中国的文化瑰宝，都已成了世人热衷研究和深入了解的课题。

作为国家级科技出版单位——中国建筑工业出版社60年来始终以弘扬和传承中华民族优秀的建筑文化，推动和传播中国建筑技术进步与发展，向世界介绍和展示中国从古至今的建设成就为己任，并用行动践行着"弘扬中华文化，增强中华文化国际影响力"的使命。从20世纪80年代开始，中国建筑工业出版社就非常重视与海内外同仁进行建筑文化交流与合作，并策划、组织编撰、出版了一系列反映我中华传统建筑风貌的学术画册和学术著作，并在海内外产生了重大影响。

"中国精致建筑100"是中国建筑工业出版社与台湾锦绣出版事业股份有限公司策划，由中国建筑工业出版社组织国内百余位专家学者和摄影专家不惮繁杂，对遍布全国有历史意义的、有代表性的传统建筑进行认真考察和潜心研究，并按建筑思想、建筑元素、宫殿建筑、礼制建筑、宗教建筑、古城镇、古村落、民居建筑、陵墓建筑、园林建筑、书院与会馆等建筑专题与类别，历经数年系统科学地梳理、编撰而成。本套图书按专题分册，就其历史背景、建筑风格、建筑特征、建筑文化，结合精美图照和线图撰写。全套100册、文约200万字、图照6000余幅。

这套图书内容精练、文字通俗、图文并茂、设计考究，是适合海内外读者轻松阅读、便于携带的专业与文化并蓄的普及性读物。目的是让更多的热爱中华文化的人，更全面地欣赏和认识中国传统建筑特有的丰姿、独特的设计手法、精湛的建造技艺，及其绝妙的细部处理，并为世界建筑界记录下可资回味的建筑文化遗产，为海内外读者打开一扇建筑知识和艺术的大门。

这套图书将以中、英文两种文版推出，可供广大中外古建筑之研究者、爱好者、旅游者阅读和珍藏。

目录

书院建筑

中国素称礼仪之邦，此乃历史悠久、发达的封建教育所促成。中国古代不仅有发达的官学，而且还有发达的私学。书院教育便是封建社会中以民间文人办学为主的一种教育形式。这种形式经千年的发展，具有成熟、稳定的模式和官学无法替代的深远影响。由于书院系文人所创办，因此这种形式渗透着古代文人的情趣、雅好，这使书院的选址、环境的经营、建筑的形制特色都呈现出雅文化的属性与内涵。

如果把知识分子看作社会的精英与良知，那么中国古代的知识分子的济世精神与自我修持的执着追求，很大程度上是在书院环境中培养起来的。书院建筑是中国古代知识分子中学识渊博、德高望重者修身养性、研讨学问；对学子授业、解惑、育才之处。这一功能使中国的书院建筑艺术不但有别于官式建筑艺术，而且在民间建筑艺术中处于最高的文化层次。它是中国古建筑艺术中一个曾被忽视的重要内容。

书院源于私学，因此剖析书院建筑艺术还得从中国私学的起源谈起。

一、私学渊源与书院

"育才造士，为国之本"，中国历来对教育十分重视，据文献记载：虞舜时代已有名为"米廪"的教育机构。夏朝设"校"于城内王宫之中，分"东序"、"西序"，商、周有官办"庠"、"序"等大学、小学。大学以传授礼、乐、射、御为主，小学以书、数为主，合称"六艺"。地方上设"乡学"使一般贵族子弟得以学习。周代的大学设在城南郊，内分辟雍、上庠、东序、瞽宗与成均五学。中间为辟雍、环之以水。汉代辟雍成了祭祀之所，但其形象仍依古制。

因等级所限，设在诸侯国都的大学名"泮宫"，其形亦半边临水。当时能进大学的乃王子、公卿大夫、元士之嫡子以及挑选出来的"国之俊秀"。今天把奴隶社会中教育被贵族子弟垄断的时期称为"学在官府"时期，之所以产生这种现象，很大程度上依仗知识载体的垄断：商的甲骨文、周的金文、春秋的竹简全由政府贵族庋藏。

图1-1　"万世师表"匾
（王雪林　摄）
北京文庙大成殿上之匾额

图1-2 曲阜孔庙杏坛（张振光 摄）
《庄子·渔夫》："孔子游于缁帷
之林，休坐于杏坛之上，弟子读
书，孔子弦歌鼓琴。"后人在此建坛
植杏以示纪念

a

b

图1-3 洙泗书院（王雪林 摄）

在曲阜城北三公里，位于洙泗二水间。书院中路二进院落，大门三间，悬山顶。讲堂三间，正殿五间，殿内原供孔子及四配塑像；东西两庑各三间，原祀孔子弟子木主。西院礼器库及神厨、神庖，东院更衣所均毁。

春秋战国，王室衰微，礼崩乐坏，大量竹简文献散失民间，文化官吏失去世袭的职守，流落于社会，为私学的兴起创造了条件。而诸侯割据争斗，使不同政见者有了施展才华的机会，儒、墨、法、名等诸子纷纷登上历史舞台，在百家争鸣的形势下，孔、墨、孟、荀等私学教育家产生了。大批"士"聚徒置学馆兴学论战，尤以儒、墨两派的学馆规模为大。

中国古代私学以儒学为本，儒学由孔子所创。孔子，通典籍，精六艺，生逢"天子失官"，他顺应潮流，冲破"学在官府"的桎梏，约在30岁时在曲阜城北的学舍聚徒讲学。当时办私学的并非孔门一家，与孔子同期在鲁国办私学的还有少正卯，比孔子早的有郑国的邓析和伯丰子。孔子初创私学，为从政以求行道济世，五十四岁时曾率弟子周游列国十四年，终因仕途受阻，使他毕生主要精力致力于教育。据载他有弟子三千，贤人七十二。他的教育思想被后代奉为经典。萌于唐，盛于宋，泛滥于明清的书院，专建礼殿以祭孔，他被尊为儒学鼻祖，万世师表。

相传孔子讲授堂便在曲阜孔庙杏坛处，现存大殿位置原是孔子后讲堂所在地。寝殿位置则是孔子日常起居的后堂旧址（宋·孔传《东家杂记》卷下，杏殿及后殿二条）。他当年另一讲学的场所已被尊为先圣讲堂，元至元间又在旧址创建洙泗书院，经后代修缮，现存为清代遗构。

图1-4 白鹿洞书院

在江西庐山。唐代贞元中李渤隐居于此，渤曾养一鹿，人称"白鹿先生"，其地遂有白鹿洞之名。南唐昇元中在此创庐山国学，宋初改为书院，是北宋四大书院之一。照片为白鹿洞书院大门及棂星门。

◎ 筑境　中国精致建筑100

a

b

图1-5 考亭书院（张振光 摄）

在福建建阳县考亭村，南宋理学家朱熹所创，
原名"竹林精舍"，后改名为"沧州精舍"。
南宋淳祐四年（1244年）诏为书院，御书"考
亭书院"，门口牌坊为明嘉靖十年（1531年）
所建。

图1-6 岳麓书院（王雪林 摄）
在湖南长沙岳麓山下，北宋开宝六年（973年）潭州太守朱洞在僧智璇办学基础上创办书院，是北宋四大名书院之一

秦焚书坑儒，"以吏为师，以法令为学"，私学遂绝迹。汉景帝末年蜀郡首创地方学堂。武帝时，创太学，立官学，天下郡国，乡聚学校普及。其后，汉废秦令，私学复起，除蒙学的书馆外，一些经学大师自立精舍授徒，如张兴"声称著闻，弟子远至者、著录且万人"（《后汉书·张兴传》）。当时连倡办官学的名儒董仲舒亦广收弟子以授，足见私学之盛。至魏晋南北朝时期，开学馆名士私庭讲学，相互驳难，听者多达千余。

唐代经济繁荣，教育经费充裕，官学发达。但唐代官学与科举连体，弊端日显。玄宗天宝之乱，经济不振，官学趋于衰落，私学复起，民间出现用书院命名的讲习之所。现知最早的乃是贞观九年（635年）四川遂宁的张九宗书院。

五代战乱，教育事业破坏更为严重。北宋虽采取重文政策，但开国不久，百废待兴，经济尚未恢复，若重兴官学，耗资巨大，于是采取鼓励民间办学的政策，用民办官助的方法兴办教育。各地"相与择胜地，立精舍以为群居讲习之所，而为政者乃成就而褒表之"（《朱子文集·卷七十九》）。这种讲习之所不同于以往的私学，它由分工不同、功能明确的建筑物所组成，有较系统的教学计划和日趋成熟的管理体制，这种体制在政府鼓励和资助下逐渐稳定下来。尽管唐以后，私学中"精舍"、"书院"等数名并存，但北宋多处官助教育机构都以"书院"名之。这些书院又被公认为办学楷模，于是后代把这种民间办学形式统称为书院。

二、传统私学的类型

传
统
私
学
的
类
型

a

图2-1a,b 许氏家馆
（陆开蒂 摄）
明万历年间，歙县人许国
（1527—1596年）官至
"少傅兼太子太师吏部尚书
建极殿大学士"，其在歙县
城关斗山街的第宅规模宏
大，许氏家馆为许氏子弟读
书处。

西周之前学在官府，春秋时始开私学之
风，后经历代演变发展，重文轻武，私学成了
封建社会文化教育的重要组成部分，其主要形
式有：

1. 家馆（明清时期称为专馆）

商贾地主或官宦人家礼聘饱学之师在
家教授自家或亲戚子弟。从蒙学始直至教授
《四书》、《五经》、《史记》、《纲鉴易知
录》。"古之教者，家有塾"（《礼记·学
记》）。据宋以来学者研究，大体判明春秋时
期士大夫住宅门的左右次间为塾，可见中国古
代家教在春秋时期已有定制。随着住宅制度的
演化，家教专馆的设置不再恪守古制。但这种
教育形式历代不衰，并有所发展。如北魏时在
家设学馆请博士教授子弟的主要是宗室，至明
清时普及到地主、士绅、豪富。但家馆受弟子
人数限制，所需建筑不大。仅需供授课用的书

b

斋与教师寝卧的居室即教使用。在大宅中这些建筑一般设于偏侧，安徽歙县许家厅便是许氏之家馆。

2. 私塾

由教师在家设馆授徒，这种形式始于春秋，历代沿用不绝。南北朝时还出现过妇女授徒，著名的如宣文君（韦逞母亲宋氏）在家立讲堂，隔绛纱幔而教授徒一百二十人。孔子曰："自行束脩以上，吾未尝无诲焉。"私塾是一种收费教育，蒙学与名儒讲经均可采用。宋画《村童闹学图》表现的是蒙学私塾的情景。私塾学生多为乡里子弟。学家不乏采用在家设馆形式开展教育活动。如宋代陆九渊登进士第后返回故里"遐迩闻风而至，求亲炙问道者益盛"，于是他把家宅的东偏房槐堂辟为讲习之所，其间"一时名流躧门问道者常不下百千辈"（《临川县志·卷四十二·下/清道光三年修》）。再如安徽歙县郑玉，人称师山先生，博究六经，精于《春秋》，曾以所居授徒传道，后因受业者众，玉所居不能容，乃构书院（史铎《徽州教育记》）。

私塾生徒均属走读，无须设置生徒居息之屋舍，故规模一般不大。幸存的著名实例有浙江绍兴鲁迅求学之处的三味书屋和洪秀全在广东开办的私塾等。三味书屋讲堂原是寿家书斋。面宽三间，彻上露明造（将室内屋顶的构架完全暴露的做法），明间抬梁，山墙穿斗梁架。后墙处设案桌，案上方正中

a

b

图2-2 三味书屋入口与内景

三味书屋原名"三余书屋",取三国董遇"冬者岁
之余,夜者日之余,阴雨者晴之余",旨在告诫人
们应当利用一切空余时间努力学习。后改为"三
味",取意宋代李淑"诗书为之太姜,史为杂俎,
事为醯醢,是为书三味"。鲁迅曾在此私塾读书。

悬挂着中堂松鹿图和三味书屋的匾额。两旁屋柱上有一副抱对："至乐无声唯孝悌，太羹有味是诗书"。书屋中间置方桌、木椅，两旁各有一对南官帽椅和茶几，窗前壁下摆着八九张学生自备的桌椅。

3. 义学（或称义塾）

古代由地方官贾、富绅创办的义务教育，经费主要来自祠堂、庙宇地租，或由私人捐款资助或建屋舍或借祠堂、庙宇延请教师教授地方贫民子弟，在乡里则教授宗族子弟。如宋·太平县主簿焦自明建义塾请名儒司教远近子弟，来学者膳费纸笔之类咸给之（《古今图书集成》99卷·宁国府·学校考之三）。再如元至正七年（1347年）婺源环溪里人程本中建义学于里之松山"为屋若干楹"、"招延名师以教乡之子弟，割田五百亩，以三百亩之赡师弟子，以二百亩养族之贫者"（《弘治·徽州府志》卷五·学校）。

义塾子弟采用走读方式，其规模大小受经费影响较大，建筑功能不及书院复杂。

a

b

图2-3 洪秀全私塾旧址（张振光 摄）

在广东省花县花山乡莲花塘，原为李汉生祠。清末道光
二十三年（1843年）洪秀全曾在此教书。

4. 书院

这是在汉唐私学基础上发展起来的一种民间高等教育机构，它多由著名学者主持，民办官助、官办或纯民办多种方式。其基本经济来源主要靠学田，生徒由书院负责解决食宿。如朱熹在湖南安抚至潭州兴学岳麓，增加的十名额外生其廪给与郡庠相等，日破米一升四合，钱六十文。

书院以传道、授业、解惑为宗旨，重视自学，提倡学术自由。宋代以弘扬理学为主，是讲读、研习经书的场所。元、明、清官学化过程中多数逐渐为科举服务。

书院建筑具有讲学、授徒、学术研究、藏书、祭礼、居住、游息等多种功能，因此书院由较大规模的建筑群体组成。书院教育体制是民间教育体系中水平最高，内涵最丰富的一种形式。

三、书院选址与环境

"天人合一"思想与"五行相生"原理是书院环境观的哲学基础。

汉代董仲舒曰:"事各顺其名,名各顺于天,天人之际,合而为一。"主张天道与人道一致,源于孟子"诚者,天之道也;思诚者,人之道也"(《离娄下》)。北宋,周敦颐以"周易"为媒介,糅合儒道,其静修思想经弟子二程发展成一整套修持模式。即从"主敬"入手。敬是"持己之道",通过诚意、正心、修身养性、静坐、内省等功夫去修持,敬以直内,可以虚静,逐渐臻于纯粹的道德境界。再传弟子朱熹对易理更为精熟,他认为"天人一物,内外一理"(《朱子语类》)并通过"物我合一"来论证"天人合一"。理学家的"天人合一"思想也成了他们创办书院的环境观。书院选址"法自然,重生气",追求人与自然共参,使书院环境满足自省、养性和修持的需要。

人与环境以古老的五行学说分析,有相生、相胜两种关系。相生乃相互促进,相胜指相互抑制。天人合一追求天人之协调、和谐与一致,直至相互促进,从而产生"地灵人杰"与"人杰地灵"两种互为因果的模式。书院环境正是在避相胜、求相生的思想指导下经营成文人办学的理想环境。

历代儒士在天人合一思想指导下,创办书院多选幽胜之地。如云谷在福建省建阳县西北七十里芦山之巅,"翠岚环绕,内宽外密,且

a

b

图3-1 独峰书院（王雪林 摄）

又名仙都草堂，在缙云县城东9公里好山脚下，
练溪之畔。书院创建于宋嘉定年间，因背靠独
峰，故名。宋理学家朱熹曾在此讲学授徒，
现书院为清同治十二年（1873年）重建。

多飞云出入其间。下有谷水西南流，循涧北而下，路径陡绝，行里许，倪入荟蔚。折而东，石壁高广皆百余丈，相传昔有王子思者弃官学道于此。朱子爱其幽胜，构草堂"，遂建成云谷书院（民国《建阳县志》卷二·山川）。

古代书院选址远离尘嚣，自然环境钟灵毓秀、赏心悦目，确实有助于创造一个养性、修身的良好学习环境。所谓"士子足不出户庭，而山高水清。举目与会，含纳万象。游心千仞，灵淑之气必有所钟"（《巴陵金鄂书院记》）。可见书院择地要考虑"借山光以悦人性，假湖水以净心情"之功能。

洙泗书院建于孔子当年讲习之所，海南儋县东坡书院在东坡祠址载酒堂。安徽九华山的太白书院，江西庐山的白鹿洞书院分别循李白、李勃踪迹而建。再如江西的鹅湖书院则是纪念朱、陆鹅湖会讲而建。凡此种种，都说明钟名贤之迹是古代书院选址的又一重要准则。

古人曰："履其地，则思其人，思其人，则学其学，学其学，则斯文不泯，士风益振"（胡文定公《祭礼题本》）。先贤踪迹作为一种文化遗存，对后代能产生教化作用。

书院选址"崇贤"是重名贤胜地之迹，这种思想明显地受"人杰地灵"观念的影响，以期地灵再度培育人杰。如明正德甲戌年（1514年），池州齐山建绣春书院是选在宋状元华公岳读书处。此外，堪舆之术对书院选址也有相

a

b

图3-2 五峰书院（王雪林 摄）

坐落于浙江永康县城东45里的寿山，有鸡鸣、
复釜、瀑布、固厚、桃花五峰屏立于前。书院
始建于宋代，朱熹、陈亮等学者曾在此讲学。
原为天然石窟、支木为之，不施椽瓦，旁有学
易斋、三贤堂等建筑。

当的影响。堪舆即风水术，其对负阴抱阳、背山面水的封闭空间极为推崇，这种环境与文人对书院环境要求"远离尘俗之嚣，有清幽之胜"，以及能"净心"、"悦性"的功能极为吻合。从历代各地书院基址分析，凡自然景观佳丽者以堪舆理论评价之亦佳。究其原因，古代文人虽非全信风水，但皆精易理"大而天地万物，小而起居食息，皆太极阴阳之理也"（《朱子语类》卷六）。一生创建过大量书院的理学家朱熹就虔信风水。这在其《礼纂》中有明确的论述。他生前不但为自己与夫人选墓址，还曾为泉州儒学教授吴英墓址点穴。朱熹死后被列为书院陪祀，其生前书院选址的实践与思想对后代产生深刻的影响。

图3-3 白鹭洲书院（姚赣 摄）/对面页
坐落于江西吉安市东赣江中，书院创建于南宋淳祐年间，宋理宗曾御书匾额。书院环境优美，张暖有诗："洲回白鹭水天宽，万竹萧森映玉盘，胜迹千秋开大陆，中流孤柱砥华澜。"

明清以降风水大盛，书院选址受风水影响益加明显。这在方志、碑记中屡见。据徽州休宁邵庶还古书院碑记所载：其址乃"从形家者圭测而得古岩是为邑治，神皋主越国江公祀事，左峙浮屠，右出文昌阁，负甲抱庚，为基爽塏，汶水由西而绕流襟带，其间平楚苍然，一望百里，黄白诸山，环列远近，亭室台榭棋布岩之巅麓，信山水一隩区也。"再如历史古城四川阆中之锦屏书院，庄学和《锦屏书院记》则述经画营建宗旨构思：胜址"龙凤两山于兹接脉，南东之水于此澄源，雁塔巽昂，星台坎抱"，以应验"凤龙秀脉从今振"的地灵人杰观念。

现存书院大多为明清所建，今天尚能从遗构中领略其环境特色以印证风水之说。

四、书院建筑的艺术特色

书院建筑的艺术特色

◎筑境 中国精致建筑100

书院是民间办学中建筑功能最丰富、群体规模最大的一种形式。它集讲学、授徒、藏书、祭祀、居住、食息于一体。又由于它不属于官学系统，因此不像学官、文庙等官式建筑那样模式单一。但作为弘扬理学的场所，理学的核心，三纲五常尊卑有序的思想也渗透到书院的群体布局中。在平坦的地基上，书院通常以轴线组织建筑，称为书院三大事业的讲学、藏书、祭祀的讲堂、藏书楼和祀殿被布置在轴线上，便成了绝大多数书院所遵循的原则。这一原则来源于儒家的居中为贵的思想。

一些大型书院由于建筑众多，出现多条轴线。书院以教学为主，讲堂始终设置在主轴线上，随着祭祀对象增多而产生多幢祭祀建筑时，往往采取另置轴线以组织空间。

图4-1 那堪迁善书院梁架（粟历根 摄）
迁善书院在广西宁明县那堪镇，其梁间及檩下用类似驼峰和麻叶墩组合的雕花木支承，不用童柱，地方特色颇浓。

a

b

图4-2 紫云书院入口及大成殿（谭克 摄）
在河南襄城县西南10公里紫云山中，书院创建于明代，现存
门楼、大殿、厢房

图4-3 尼山书院
（王雪林 摄）
书院分三区，中区轴线上为
大成门、大成殿、寝殿，两
侧为东西庑。西区包括启圣
殿、毓圣候祠，分别奉祀孔
子父母和尼山山神。讲堂偏
于一侧与土地庙一起构成东
区，体现了就庙附学的建筑
布局特色。

斋舍拱卫讲堂，游息多为单独辟区，以达
到尊卑有序、主辅分明。

书院建筑虽大体上有一个约定俗成的布置
原则，但也因时、因地作灵活处置，建筑配置
之多寡因院而异。小型书院或把讲堂与祭祀建
筑合二为一，或把藏书与祭祀建筑合二为一，
可谓功能俱全而建筑简陋。而大型书院仅祭祀
部分就成组成群单设轴线，游息、纪念之亭多
达数十。

书院建筑之配置又受书院兴衰之影响极
大。一些著名书院在初创时期因财力等诸多因
素制约，只能略具规模，以后不断扩建，建筑
日益增添，但也有因遭灾毁无法振兴及不如盛
期者。这种现象使书院建筑配置具有因时而异
的特色。还有一些书院因选址山林，建筑因山
就势，布局灵活为官学所无。

图4-4 尼山书院大成殿（王雪林 摄）（上图
面宽三间，进深三间，单檐歇山琉璃顶，外檐斗栱彩
绘精美，石质檐柱精雕云龙花卉，殿前有月台与宽敞
的殿庭

图4-5 尼山书院讲堂（程里尧 摄）（下图
面宽三间，与大成殿相比，尺度逊，等级低，体现了
就庙附学的建筑形象的尊卑关系

书院建筑的艺术特色

图4-6 陈氏书院中路聚贤堂与庭院（王雪林 摄）
陈氏书院坐落在广州西门外，是广东72县陈姓合
族祠。主体三路为祠堂，两厢辅助用房为全省陈
姓学子读书处。其性质与不受学子姓氏血缘限制
的一般书院不同。聚贤堂在中路二进，是主体建
筑，建筑华丽宏伟，前有月台与宽敞的庭院。

a

图4-7 陈氏书院两厢读书用房
（张振光 摄）
两厢建筑尺度卑小，造型简朴，
体现了附学于祠的特点。

b

由于书院不属官学系统，在建筑上不像官式那样受等级森严的宫室制度所限制，故其梁架、墙面、屋面做法朴实。与官式建筑相比，它不用雕梁画栋的装修，不求雄伟壮丽的风格，尺度宜人，色彩素雅，并且大量采用地方建筑材料与地方建筑手法，这在边远地区尤为明显。

书院虽不属于官学系统，但明清以降朝廷命官创办书院之风大盛。以宁国府为例，据志书所载明代正学书院、待学书院、凤山书院、喻义书院、籍山书院等分别由知府、知县创建，因此不可避免地使一些官学建筑的做法渗入书院。当时有些书院建筑中出现棂星门、泮池、大成殿甚至钟鼓楼等形象正是这一背景的反映。至于就庙设学、就祠设学的书院，其教学空间位于偏侧，形制也与常见书院不同。前者如曲阜尼山书院，后者如广州陈祠书院。

五、书院的教学方式与教学空间

图5-1 岳麓书院讲堂内景
（王雪林 摄）
讲堂宽敞高轩，室内明间屏前设有讲台，梁枋上悬挂着康熙御书"学达性天"和乾隆御书"道南正脉"匾额，体现了岳麓书院在当时的崇高地位。

讲堂的出现使书院具备了教学的性质。书院的常规教学是由山长等宿儒在讲堂给生徒讲授儒学经典。在开讲前要到礼殿礼先圣先师，这就要求讲堂与礼殿交通方便。返回讲堂后，在引赞喊"登讲席"后，主讲、副讲始登讲席，再"鸣讲鼓"，于是开讲。这些规制是随着书院教育的发展逐渐形成的，它强化了师道尊严思想，也有助于创造一个肃静、专注的教学气氛。

书院教育随着学派的产生与发展，逐渐产生了以扩大学派影响为主的宣教式讲学和辨析儒学经义的会讲。

宣教式讲学，听众不限于本院生徒，多寡受主讲声望影响极大。若名儒讲学则四方学子云集，名儒往往也利用这种方式宣扬学派主张以扩大影响。

图5-2 洙泗书院讲堂
（程里尧 摄）/上图
旧称孔子讲堂，在曲阜城东八
里，相传孔子曾在此删诗书。
定礼乐。讲堂为清代重建，面
宽五间，单檐悬山顶，标准官
式做法。

图5-3 鹅湖书院讲堂
（王雪林 摄）/下图
旧称会元堂，单檐，堂前有宽
敞的庭院。

　　辨析式会讲其实质与南北朝时文人相互驳难的私庭讲学相似，其形式可追溯到战国时齐国的稷下学宫，各派云集，兴学论战。这是学术自由的表现，这与官学唯我独尊的学阀作风大相径庭。在书院史上著名的会讲有宋乾道三年（1167年）朱熹、张栻的岳麓会讲的"中和之辨"，以及淳熙八年（1181年）朱熹邀陆九渊到白鹿洞书院讲学。

会讲涉及著名学派的精义辨析。因此除两派学子外尚有著名学者听讲。当听众在讲堂容纳不下时，庭院等空间也被占用。

书院通过传道、授业、解惑来教育生徒，其教学活动主要是在讲堂进行的。山长的讲授和生徒的听讲，使讲堂需要一个较大的活动空间和良好的采光，在南方地区还必须考虑通风与纳凉。

书院的讲堂一般为面宽三间与五间，单层，厅堂结构，建筑造型有地方特色。根据书院规模的大小，讲堂有一个与多个之别。北宋李允则扩建岳麓书院，把讲堂建在中轴线上，于是"中开讲堂"便成了书院建筑所遵循的规制。其位置一般前为祀殿，后为藏书楼。规模较小的书院也有把祀殿与讲堂结合在一起的。在南方，讲堂以轩廊与庭院相结合，教学活动既可单独在讲堂内进行，当讲堂容纳不下时，又可把庭院作为讲堂的延续空间来使用。

六、尊师的礼仪场所

学校祭祀先师由来已久，据《礼记·文王世子》载："凡学，春官释奠于先师，秋冬亦如之。"荀子在《大略》中提出："国将兴，必贵师而重傅；国将衰，必贱师而轻傅。"在师生关系上，认为："君师者，治之本也。""礼者，所以正身也；师者，所以正礼也。""无师我安知礼之为是也？"古代尊师思想经荀子阐发成为儒学教育思想的重要内容。汉代高祖首创皇帝祭孔先河。武帝实行崇儒，董仲舒提出"独尊儒术"、"椎明孔氏"，自平帝起不断追谥孔子，至东汉明帝永平二年（59年）冬，遂由政府颁令国学与郡县学校祭周公与孔子，以后便成定制。

唐太宗贞观四年（630年）诏各州县皆立孔庙，废周公之祭，祭孔子为文宣王。开元八年（720年）学校礼孔子由木主改为泥塑，以十哲从祀，图七十子像于庙壁。

宋承唐制，朝廷尊孔继续升温。孔子乃儒学鼻祖，书院所修乃孔子所创之儒学，朝廷尊孔与官学祀孔对学院产生影响，北宋咸平二年（999年）潭州太守李允则扩建岳麓书院时首置"祀殿"塑先师十哲之像，画七十二贤开创了书院置祀殿之制。

图6-1 白鹿洞书院礼圣殿（楼庆西 摄）
白鹿洞书院礼圣殿是专门祭祀孔子的殿宇，位于中轴线的
后部，前有礼圣门以强化礼圣殿的地位。

南宋书院学派林立，朱熹在竹林精舍中始开祭祀本师延平和太老师罗从彦之举，其他书院争相仿效，以标榜门派。这种现象在古代有其深厚的文化基础，有如释、道之宗系，如四大佛山供奉菩萨皆异：五台为文殊道场，峨眉为普贤道场，普陀为观音道场，九华为地藏道场；道教则北有全真，南有正一，各派道观供奉神祇不一。书院祭祀虽以孔子为宗，但也逐渐出现门派。

宋元书院理学盛，明代陆王心学占主导地位，清代崇尚汉学，书院从祀对象因此也因时而异。

出世的释、道在表彰现世功德方面采用刻碑传世，以满足世人流芳之欲。而入世的书院发展到明清，祭祀对象从孔子到本派大师，甚至扩大到有功于本书院的乡绅名宦，这庞杂的供祀对象按等级分祀，使祭祀建筑从单一发展为多幢建筑。列入祭祀可以流芳百世，因此促使大批乡绅名宦纷纷创立书院，这对明清书院的普及起了重要推动作用。

中国为礼仪之邦，礼仪乃是承认与维护社会各阶层的尊卑、亲疏、长幼分异的合理性而规定的行为准则。郭沫若说："礼之起，起于祀神，其后扩展而为对人，更其后扩展而为吉、凶、军、宾、嘉等各种仪制"（《十批判书·孔墨的批判》）。礼，"莫重于祭"（《礼记·祭统》）。儒学的核心便是重礼仪，历史上著名的"三礼"便是儒家经典。书

图6-2 白鹿洞书院朱子祠（楼庆西 摄）

南宋淳熙六年（1179年）朱熹知南康军时把毁于兵
火的白鹿洞书院重修，并且疏请敕额，亲自主讲，
立洞规，对白鹿洞书院复兴贡献很大。后人为朱熹
立祠以祭祀之。朱子祠不在中轴线上，尺度也逊逊
于礼圣殿，体现了儒家的伦理观念

院建礼殿、祭祀先师正是儒家思想的体现。历代祀仪无不以"三礼"为基本准则，并随着封建社会的发展，其森严的等级不断被强化。

历史沧桑，现存书院祭礼建筑均为清代遗构。清代书院祭祀主要有三种形式：用枣、栗、青菹、兔醢（或鱼醢）作供品的菜仪，用全羊、全猪作供品的奠仪以及香仪。乡里地方书院最高仅采用菜仪，一些名书院孟春新生入院时用菜仪，春秋仲丹上丁日用奠仪，开讲前用香仪。烦琐的祭仪无不为了渲染孔子作为万世师表的崇高和神圣，以及陪祀者的功德。这些活动势必影响祭祀建筑的形式与布局。如因祭祀需要而祀殿之前有较宽敞的庭院。

书院发展到明清，由于祭祀人物的急剧增多，为了区别等级出现了多幢建筑以满足要求。白鹿洞书院便设有紫阳祠、宗儒祠、先贤祠、忠节祠、诸葛武侯祠等建筑。如此众多的建筑必然导致形成独立成区的处理。当时大型书院布局已从一条中轴线演变为多条轴线，于是祭祀区便出现在与中轴线平行的其他轴线上。

祀殿作为书院的礼制建筑，其规格高于其他建筑，在一些大型书院中常采用殿阁形式。书院采用牌位供奉，不必像官学的文庙那样建造超人尺度的大成殿供奉塑像。因此书院祀殿虽然高大，但在尺度上尚逊于官学建筑。与佛殿相比，它较少高不可攀的神秘。这是因为书院所供奉的圣贤是通过修身养性而成正果的。

a

b

图6-3 潋江书院大门及崇圣祠（张振光 摄）

潋江书院在江西兴国县城内。崇圣祠为一般书院之祭孔建筑。

他们的业绩不是佛教的神话，而是尘世的实业。学子进书院读圣贤书，研讨学问，都可以像先贤一样去做人处世。

由于清代书院官学化倾向严重，个别书院出现建文庙代替祀殿，湖南岳麓书院便是一例。

尊师思想作为中国古代教育思想的文化遗产并不因社会的进步而被摒弃，其中合理部分在今天仍有积极意义。为创业者立铜像以示纪念和设立校史室、荣誉室以表彰办校有功者，正是传统尊师祭祀思想的物化延续。

七、藏书楼

文字发明导致典籍存放，河南安阳小屯殷商时代已有专供甲骨卜辞存放的窖穴，这应是藏书建筑空间的先声。春秋战国普遍使用竹简、版牍、缯帛形式，国家藏书处称"盟府"、"故府"，并设史官负责，老子聃就曾任职于此。天子失官，学在四夷，便产生私人藏书。当时因教育之需，孔子曾广为收集历代典籍，最后删定"六经"。读书之人，以书为本。文人藏书，代不乏人。据载战国苏秦藏书达数十箧，汉代蔡邕藏书万卷，至唐代苏弁、李泌等藏书多达二、三万卷之巨。当时已有书阁、书楼专供藏书之用。

教授士子不能无书，唐代白居易《池上篇》序："虽有子弟，无书不训也，乃作池北书库"，讲的便是这个道理。据《文献通考》载："凡则书院，必设书楼。"中国古代典籍浩如烟海，即使儒学经典也卷帙浩繁。汉唐经学注重笺注训诂，宋代理学兴起，门派日多，讲论经籍，著书立说，书院对藏书益发重视。应天府书院曾聚书一千五百余卷，广招生徒以授业。岳麓书院初创时智璇就曾"市之京师"购书以供士子研习。李允则扩建时又专建藏书楼供典籍存放。以后书院设藏书楼便成定制。

在封建社会中，士人嗜书，凡家境稍可，便有书斋，书院藏书之富，使学子见之如入二酉之室，适五都之市，为之目眩神盈。

图7-1 岳麓书院御书楼（王雪林 摄）
岳麓书院藏书楼始建于北宋，后屡有兴废，现
为清代遗物，三层面阔五间，三重檐歇山顶，
建筑宏丽。历史上因多次请得朝廷所颁经书，
故称为御书楼。

图7-2 鹅湖书院御书楼
（王雪林 摄）
在江西铅山县鹅湖，位于书院轴线后部，重檐歇山顶。

书院藏书除自置外还靠各界人士捐置。在当时，书院作为一种普及的高等教育机构，对士子学业、修身品行乃至社会道德风尚产生巨大影响，历代统治阶级基于上述认识，出于笼络利用的目的，出现了圣上对一些名书院题额手书，赐赠图书珍藏以示关怀和嘉奖。所赐经书也成了士子必读经典，这种导向作用优于行政干预。封建社会的这一手段在当今中国政坛仍屡试不爽。凡书院有皇家赐书者，藏书楼便改名为"御书楼"、"尊经阁"。书院也以此为殊荣，受社会尊重和其他书院仰慕。书楼也因此披上一层神圣的色彩。正如佛寺中的佛经除了供僧人阅读外，尚作圣物供奉。书院自皇帝赐书后经籍也便产生了双重意义，藏书楼不但是知识的宝库，也成了神圣的空间。至于一些书院因抨击时弊而招毁时，藏书楼成了查抄禁书的重点，明代东林党案可见一斑。

书院藏书楼之设，在文献上始见于宋咸平

二年（999年）潭州太守李允则扩建岳麓书院"中开讲堂"的布局，藏书楼具体位置未见文字记载。大中祥符二年（1009年）应天府书院聚书一千五百余卷，书楼布局文献阙如。

中国古代建筑往往采用轴线组织重要建筑，典籍对书院极为重要，把藏书楼布置在轴线上较为合理，南宋刘洪重建岳麓书院，据张栻《岳麓书院记》："加藏书于堂之北"应是藏书楼在轴线后端的一种描述。这种布局也被历代大多数书院所沿用。

书院藏书楼布局是否仿自佛寺之制？产生这一问题源于以下两点原因：一是明清寺院之藏经楼均在轴线后部，书院藏书楼布局与此无异。二是佛寺出现早于书院。

图7-3 白鹿洞书院御书阁（成振 摄）在江西庐山

北宋佛寺隆兴寺为海内幸存藏经阁的孤例，其转轮藏殿位于轴线西侧，印证文献，宋元二代佛寺均依此布局。近人认为：经藏置于西侧乃佛法西来。由此推测：明清经楼布局是佛寺进一步汉化后受书院之制影响而出现在轴线后侧的。

按典籍的私密性与珍藏要求，藏书楼位置宜后不宜前，宜隐不宜露。轴线后端地处僻静，围墙高筑，闲人难以入内窥伺。楼阁干燥，这对典籍保存极为有利，因此藏书建筑采用楼阁形式能满足功能要求。其规模一般为面宽三间，大型的则达七间。屋顶除硬山外，亦有采用歇山、十字脊等形式。楼梯多设在底层一侧。书籍不多时，藏书与分阅览都设在楼层，大型书院则楼上、楼下均供藏书，底层住专人看管。

从轴线上分析，讲堂等建筑均为单层，传统建筑都采用前卑后高的方式建造。这使后部的藏书楼显得格外高耸。

八、斋舍、客馆

1. 斋舍

讲于堂、习于斋，士子在书院中问道修身，除听名儒讲授外，尚需自省自克、刻苦研读，因此斋舍不但是士子居宿之所，亦是苦读之处。

书院斋舍规模受士子多寡影响极大。受诸多因素制约，大都较为狭小，一旦名儒主持，声誉鹊起，于是就学士子骤增，此时扩建斋舍便成首要任务。传统文人历来秉持"居中为贵"的思想，因此"中开讲堂"的形式一经出现，便成定制，斋舍或立两序或建旁侧。斋舍在书院中地位卑下，建筑简陋，只能上待风雨下避润湿，边御风寒而已。

图8-1 颜回陋巷故址（王雪林 摄）
颜渊，名回，春秋末鲁国人，家贫但敏而好学，是孔子得意门生。其久居陋巷，被孔子赞为："君子忧道不忧贫"。陋巷成了士人清贫生活的圣地，后人在巷口建坊纪念之。

a

b

图8-2 刘禹锡陋室入口及陋室（陆开蒂 摄）

在安徽和县，唐代诗人刘禹锡在给自己的居所写
的陋室铭中提出："斯是陋室，唯吾德馨"，体
现了传统文人轻物欲、重精神的思想，因此备受
士人推崇。

孔子曰："君子忧道不忧贫。"颜回久居陋巷，被士人称颂奉为楷模。书院传授的是儒学之"道"，斋舍受儒家"卑宫室"观念影响乃情理之中。何况孟子又提出："故天将降大任于斯人也，必先苦其心志，劳其筋骨……"因此斋舍之筑力求简朴乃隐含"先天下之忧而忧，后天下之乐而乐"之情操。

2. 客馆

书院会讲始于南宋，之后成了士人学术交流与切磋理学的重要形式。因此书院设客馆供宾客寓息。

朱子曰："前人建书院，本以待四方士友，相与讲学。"当初武夷精舍不但有室"止宿"，尚建寒栖之馆以延宾友。岳麓书院也曾建"延宾"、"集贤"二馆供四方游学之士及来院讲学名师居息。《说文解字》："馆，客舍也。"书院馆舍之筑兴于会讲，它虽不尚华美，但十分注重环境的清幽与室内空间的雅致脱俗，以满足士人清高、超脱的精神要求。

图8-3 岳麓书院半学斋（程里尧 摄）
原为清代岳麓书院山长所居，"半学"取自《尚
书·说命篇》"惟教半学"一语

a

3. 山长之居

　　书院由山长主持，山长由满腹经纶的饱学之士、德高望重的名儒出任。因此山长在书院中地位颇高。但其居舍亦不尚华贵。孔子曰："君子食无求饱，居无求安。""士而怀居，不足以为士矣。"传统文化的士"道"是重精神、轻物欲。刘禹锡写下的"斯是陋室，唯吾德馨"便是千古名句。问舍求田非士人所为。名儒朱熹一生创书院多处，美其名曰：精舍、书堂、晦庵。其居舍皆茅宇、柴扉。其门人黄干在《朱子行状》中说："其自奉，则衣取蔽体，食取充腹，居止取足以障风雨。人不能堪，而处之裕如也。"其主沧州精舍"燕居"，后人曰：所谓燕居，则俨然端坐，存此

b

图8-4a,b 远望武夷精舍遗址及精舍遗址近景（张抓光 摄）
在福建崇安武夷山五曲隐屏峰下，原为著名理学家朱熹所
创，后代重建。

心端在静一之中，穷造化之源，探圣贤之蕴。陆九渊执教象山精舍寓宿"方丈"之室。岳麓书院在清代建"半学斋"供院长（即山长）居住。即使是监院（政府代表）住所也仅两进三间而已。

4. 寓意于物，舍人合一

书院建筑取名题额，必出自经典，以寓意于物，斋舍、客馆等均无例外。例如武夷精舍之观善斋，乃"以俟学者之群居，而取学记相观而善之义"。岳麓书院六居曾以"天、地、人、智、仁、勇"名之。半学斋之名取自《尚书·说命篇》中"惟教半学"一语。这里传统文人的修身空间被赋予士人的雅好、志向、戒勉、情趣，是士与道、舍与人合一境界的追求与创造。而当今一些大学居舍或以方位或以数序或以字母名之，文化内涵之贫乏，精神功能之苍白实在无法与优秀传统相比。

九、游息空间的经营

1. 内涵上崇"德"

"仁者乐山，智者乐水。"中国古代的比德思想赋予山水以人格、品德。南北朝后虽对自然美的赏析能力有了升华，但对士人而言，古老的比德思想仍然铭刻在他们心灵的深处。朱熹、张栻携游名山胜地，唱和联咏出："怀古壮士志，忧时君子心"那样深沉的诗句。诗言志，历来被国人所信奉。书院游息空间的营造，就其精神层面而言，乃为陶冶心性、气质而设。

岳麓百泉轩为书院佳绝之境，当年张栻、朱熹讲学岳麓，吴澄在《百泉轩记》中曰："二先生酷爱是泉也，盖非止于玩物适性而已。'逝者如斯夫，不舍昼夜'，惟知道者能言之，呜呼，岂凡儒俗士所闻哉！"

书院随历史之发展，名人踪迹越来越被重视，为了纪念与保护或勒石为碑记之，或建亭以名之。经士人苦心经营遂成佳景，名人踪迹处立碑、建亭，不但可供游息，更重要的是体现了尊贤重德的思想。正如《云山书院仰极分记》所曰："天下郡县书院、堂庑斋舍之外，必有池亭苑囿，以为登眺游息之所……而山川之佳胜，贤达之风流，每足以兴起感发其志，其为有益于人也。"

图9-1 吹香亭（王雪林 摄）/上图
在岳麓书院，始建于宋端平年间（1234—1236年）曾
多次毁而重修，现建筑在书院左侧黉门池中，是近年按
清同治年间原貌复原。柱上有联：放鹤去寻三岛客，任
人来看四时花。

图9-2 竹山书院东庭院（陆开蒂 摄）/下图
竹山书院在徽州歙县雄村桃花坝畔，东院回廊曲折，叠
石精巧，凌云阁、清旷轩等建筑尺度宜人，造型秀丽。
院内还有桂树多株，是书院游息佳处。

2. 手法上求"巧"，情趣上求"真"

书院游息空间在对自然环境的利用上，十分注重因地制宜，如因借自然美景，择而名为"四景"、"八景"。或稍加构筑以供停息、观景、点景。亭体量小巧，财费不钜，为书院游息空间中屡用。武夷精舍地处面溪背山，环境极清幽，朱熹把亭建于直观善前山之巅，"回望大隐屏最正且尽，取杜子美诗语，名以晚对"（《朱文公文集》卷九）。再如地处江南赣江上的白鹭洲书院，就地稍加疏理，于是富有当地风光特色的柳径、桃溪、竹坞皆成佳景。

3. 助形胜、培龙凤的风水建筑

明清以降，书院遂成科举的台阶，于是堪舆中培风水、兆甲科的思想渗入书院的营筑之中，从而产生了与以往小体量的亭池之筑和梅竹之栽不同的大型景观建筑的营建。如体量宏大的文昌阁和魁星楼在一些书院中出现。这些风水建筑的营造不但丰富了书院的景观，而且提供了宜人的登眺空间。虽然这种建筑同时在学官中出现，但学官建于城邑之中，登眺所见大多为城邑建筑景观，而书院选址山野，登眺能饱览自然风光、江山秀色，为学官同类建筑所不及。徽州雄村竹山书院地处练江桃花坝畔，文昌阁造型秀美，实属佳例。

十、书院与官学

中国古代官学主要分中央官学和地方官学。中央官学由朝廷直接举办和管辖，有最高学府、贵族学校和专科学校等。最高学府如太学国子监辟雍。贵族学校如东汉四姓小侯学，唐代崇文馆、弘文馆，清代旗学、宗学等。专科学校如东汉鸿都门学，南朝律学、医学，宋、明二代的武学，唐元明三代的阴阳学，隋唐宋的算学、唐宋的书学和宋代的画学等。

地方官学以儒学为主，如明代洪武二十五年（1392年）规定设礼、射、书、数四科，颁经史礼仪等籍，数学须通"九章"之法，朔望学射于射圃，但自科举盛行以来，官学以习"八股"范文为足。地方官学称学宫（文庙），按行政地域划分设置，有府学、州学、县学等。地方官学数量多，影响大，承担着官办全民文化教育的重要职能。在建筑形制上，学宫经千年发展遂形成庙学合一的定型模式，其选址多在城邑显要位置，为"贤关"、"圣域"、"文武官员经此下马"的圣地。其平面布局中轴对称，中路依次为万仞宫墙、泮池、礼门、仪路坊、棂星门、金声玉振门、大成门，杏坛，大成殿、崇圣阁等建筑。其他建筑如明伦堂、魁星楼、尊经阁等视规模不同，分别配置于庙后或庙侧。学宫群体由多进院落组成纵深发展的空间序列。建筑按官式建造，等级分明，尊卑有序。主体大成殿为宫殿形式，尺度巍峨壮观，雕梁画栋，装修华美。建筑空间表现出极强的礼仪化、神圣化，乃至宗教化的精神属性。

a

b

图10-1 北京国子监辟雍与太学匾额（张振光 摄）

在北京东城区，国子监的中心。清乾隆四十九年
（1784年）修建。为重檐四角攒尖琉璃顶方殿。按
"辟雍泮水"古制，建筑坐落在有白石护栏的圆形水
池中央，四面各有园桥一座。这里是清朝皇帝来国子
监讲学之处。

图10-2 苏州文庙大成殿（俞绳方 摄）/前页
北宋政治家范仲淹任苏州郡守时，将苏州文庙和府学合在一起，开创学附于庙之先河。后来被各地州县所仿效。苏州文庙大成殿面阔五间，建在用石栏环绕的台基上，屋面形式采用封建社会建筑的最高等级：重檐庑殿顶，黄色琉璃瓦覆盖，巍峨宏丽。

建筑是文化的载体，中国传统文化有官民之别，雅俗之分。书院建筑不像民间的戏台、店铺和一般的寺庙那样反映着实用、祈福忌祸的世俗色彩，它具有士大夫雅文化的特征。

书院由士人创建，多由退隐之士主持，又是文人聚居求学之处，从书院的选址、命名寓意、营造到室内的陈设无不渗透着士大夫的精神追求和审美雅好。我们在幽静典雅的书院环境中能感受到清高自赏的寄托，在崇尚朴质的建筑中蕴含着士人积极入世的抱负。而学宫建筑代表着正统的官文化。在群体上，学宫"学附于庙"的格局其意义在于：庙是学的信仰中

图10-3 敬一亭（张振光 摄）
一般设在文庙中轴线后部，目前各地大多已毁，北京国子监内尚存。全国文庙敬一亭之设乃明嘉靖七年（1528年）诏令而起，为安放明世宗御制《敬一箴》等座右铭，意在规范思想行为，要求士人谨慎专一地奉行圣贤之道及诸经之理。

图10-4 建水学宫先师庙隔扇门（曹扬 摄）
先师庙装修富丽精美，明间六扇隔扇门菱花采
用构图对称的云水腾龙透雕。这种平时只能在
皇家建筑上使用的形象在此使用，反映了封建
社会对孔子的推崇。

a

图10-5a,b　云南建水学宫洙泗渊源牌坊及细部（曹扬 摄）
建水学宫创建于元泰定二年（1325年），经明清二代扩建，形成规模宏大的建筑群。洙泗渊源牌坊在棂星门前，背面题额为"万世宗师"，牌坊四柱三楼，有雕刻精美的麒麟座挟杆石和擎檐柱，歇山屋面，出檐深远。

心，学是为了推广儒家教化，通过"两耳不闻窗外事，一心只读圣贤书"来造就治国安邦的御用人才。在古代太学，问道求师，"必跪而请授"，若非此礼，则由"绳愆厅"治处。在郡县学宫，明文规定"军国政事，生员无出位妄言"。

学宫在建筑上亦无半点自由，如泮池之筑源于"周礼"，原为诸侯国学所用，秦废分封之制，后世州县学宫设半壁池比拟诸侯泮宫以示正统，再如敬一亭的设置是按嘉靖七年的诏令建造的，目的是安放明世宗朱厚熜的御制《敬一箴》作为生员的行为规范。为了表彰地方官员，学宫中还设名宦祠、乡贤祠，凡此种种无不为皇统的江山永固而谋。

b

学宫建筑的官文化还反映在装修乃至题额、楹联、嵌碑立石等诸多文学元素的应用上。即使地处边陲之地的学宫亦无一例外。例如在云南建水学宫，其牌坊上的题额上为："洙泗渊源"、"万世宗师"、"德配天地"；壁画内容为"二龙戏珠"、"双凤朝阳"。在这些方面，书院建筑为了构造安身立命、修身养性的理想环境，也积极采用题名寓意等手段，真可谓手法相同而情趣各异。

十一、四大书院
兴衰与书院改制

筑境　中国精致建筑100

图11-1　嵩阳书院遗址
（谭克 摄）
嵩阳书院建制古朴雅致，中
轴线上的主要建筑有五进。

宋代理学家吕祖谦在《白鹿洞书院记》中首先提出四大书院之说，记有："国初斯民，新脱五季锋镝之厄，学者尚寡。海内向平，文风日起，儒生往往依山林，即闲旷以讲授，大率多至数十百人。嵩阳、岳麓、睢阳及是洞尤著，天下所谓四大书院也。"此说除王应麟《玉海》、元人吴澄《重建岳麓书院记》等认可外，亦有异议，如南宋范成大推崇徂徕、茅山、石鼓、岳麓四书院（《石鼓山记》）。再如马端临在《文献通考》的《职官考》、《学校考》中各持一说，足见排名前后、孰优孰劣实难定论。以后全望祖又有南宋四大书院提出。种种提法受时代、阅历等因素限制较多。书院历代兴衰不一，但历史悠久的名书院影响深远，故仍以此为例作如下介绍：

嵩阳书院：在河南登封城北五里处，原为嵩阳寺，创建于北魏太和八年（484年）隋唐时名嵩阳观，五代后周名太乙书院，北宋至

图11-2 嵩阳书院古柏（谭克 摄）
书院内仅存千年古柏三株。

图11-3 白鹿洞书院从牌坊看内部建筑（楼庆西 摄）
院内原殿宇颇多，后损，今仅存圣殿、御书阁、彝化堂、朱子祠等建筑。从牌坊向内看，有泮池、礼圣门、礼圣殿。

道二年（996年）赐院额"太室书院"及印本《九经书疏》，景祐二年（1035年）更名为嵩阳书院。理学家程颢、程颐曾在此讲学，南宋时废，清康熙年间曾重修。

应天府书院： 在河南商丘县城西北隅，原为五代名儒戚同文讲学处，商丘旧名睢阳，人称戚同文为睢阳先生。宋真宗大中祥符二年（1009年）曹城就其地筑学舍150间，聚书1500余卷，广招生徒，得宋真宗赐额，因院址属应天府治，故名（亦称睢阳书院）。书院初创时由戚同文嫡孙戚舜宾任主教。景祐二年（1035年）改为官学，晏殊知应天府时延范仲淹执教。

石鼓书院： 在湖南衡阳北二里石鼓山。据载：旧为寻真观，唐刺史齐映建合江亭于山之右。元和中，李宽结庐读书其上。宋至道中，郡人李士真援宽故事，请郡守于旧址建书院以居学者为书院之始。至景祐中，郡守刘沅请于朝，得真宗赐额"石鼓书院"。淳熙中，部使者潘时、提刑宋若水先后修葺。开庆时毁于兵，提刑俞掞重建，构仰高楼，提学黄干出公帑，置田350亩以赡生徒。元季复毁。明永乐中知府史中、弘治中知府何珣复建，正德中知府刘，嘉靖中知府周诏、蔡汝枬、同知沈铁、守道邓云霄，崇祯中提学高世泰，相继修葺。院前为棂星门，次为禹碑亭，亭之东西翼以号舍若干楹，亭后为敬义堂。循石磴而上，中为孔子燕居堂，后为风云亭，亭后为讲堂，旁列"主静"、"定性"二斋，后为先贤祠，祠后为"砥柱中流"坊，坊后为寓贤祠。明末复毁于兵。清代自顺治十四年巡抚袁廓宇重建后，康熙、雍正、乾隆、嘉庆列朝知府等均有修建。

白鹿洞书院：在江西庐山五老峰下。唐代贞元中李渤与兄涉隐居于此，渤曾养一鹿，人称白鹿先生。渤任江州刺史时就其地建台榭，遂以白鹿名洞，以后此地建学，主持者皆称洞主，乃崇贤思源之故也。

白鹿洞初为官学，始于南唐昇元（937—942年），名庐山国学，李善道为洞主，生徒数百人。宋初改为书院，太平兴国二年（977年）朝廷接受江州官吏周述的请求，赐九经，复称白鹿洞国学，官其洞主。咸平五年（1002

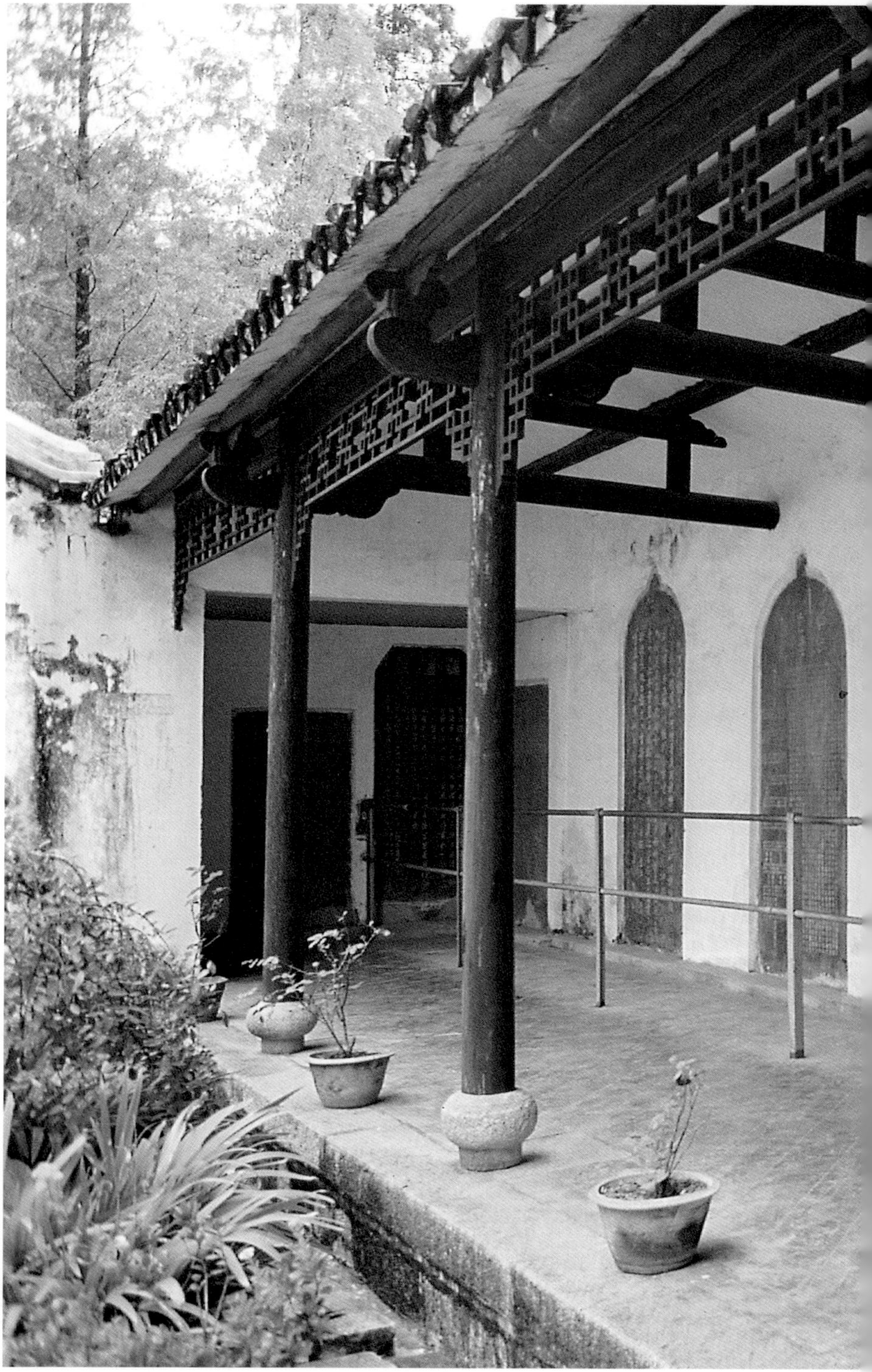

筑境 中国精致建筑100

图11-4 白鹿洞书院碑廊
（楼庆西 摄）/前页
廊内有白鹿洞书院历代修建
文记及名人书法存碑百余
块，最著名的有朱熹手制
学规与明万历九年（1581
年）紫霞道人所作"白鹿洞
歌"碑刻。

年）诏有司修缮并塑圣贤像。皇祐五年（1053
年）孙琛就故址增建学舍十余间，四方来学者
并给廪饩，称白鹿书堂。旋毁于兵。白鹿洞书
院之复兴得力于朱熹。淳熙六年（1179）朱
熹任南康知军，白鹿洞在南康军境内，朱熹访
遗址，邀教授杨大法、县令王仲杰重建书院，
上疏皇帝请求敕额，得高宗御书、石经、九经
监本等。朱熹立洞规，亲自主讲，一时名儒皆
至讲学，生徒益众。在朱熹迁任浙东提举后，
南宋历任军守都热心书院建设，建殿庑塑像，
加板壁绘从祀，重建正殿，增辟三门，建五经
堂、友善堂、文昌宫等，并不断增置学田，书
院一派兴旺。至元末复毁于兵。

图11-5 岳麓书院全景屏风图（王雪林 摄）
此图按清代复原刻制，由于采用俯视角度，因此全面地反映
了岳麓书院三面环山的环境特色与群体空间序列的生动建筑
形象。

明代起白鹿洞书院再次复兴。正统元年（1436年）军守率僚属捐俸兴修使之规制复旧，以后不断有所增建。万历禁伪学诏毁天下书院，白鹿洞书院因有敕额得以幸免。清承明制，捐学田，颁御书，赐十三经、二十一史。书院建筑在不断扩建中彻底官学化。据白鹿洞书院志所载，书院自礼圣殿、两庑、大成门、棂星门外，为堂八、阁三、台二、亭二、祠五、庙一；其他如精舍、号舍、憩馆、贡院、射圃、仓廒、庄屋、坊桥皆备。其规模之宏大，其他书院与州县学宫皆不可及。惜乎毁于咸丰三年（1853年）之兵乱。现存建筑皆其后重建。白鹿洞书院地处深山幽壑，历经千年不坠，全赖朝廷、政府官员扶持。

岳麓书院： 在湖南长沙岳麓山下湖南大学内。原为道教圣地，西晋后道衰佛兴，曾有"湖湘第一道场"之称。五代僧智璇思见儒者之道，割地建屋，经籍缺少曾遣徒市之京师，使士得屋以居，得书以读，此乃岳麓办学之始。北宋开宝六年（973年）潭州太守朱洞在智璇办学基础上办书院，其时有讲堂五间，斋舍五十二间。至咸平二年（999年）太守李允则予以扩建，"外敞门屋，中开讲堂，揭以书楼，序以客次，塑先师之像，画七十二贤"，"辟水田，供春秋之释典"，从而奠定了书院的基本格局，以后相沿因袭，为其他书院所仿效。

筑境　中国精致建筑一〇〇

北宋大中祥符八年（1015年）山长周式因办学成绩卓著受真宗召见，赐书、赐额。绍兴元年（1131年）书院毁于战火，直到乾道元年（1165年）湖南安抚使刘珙命郡教授郭颖主持重建书院，委张栻为主教，书院得以复兴。至元至正十八年（1358年）书院又毁于兵，其后百余年"破屋颓垣，隐然荒榛野莽间，其址与食田皆为僧卒势家所据"（杨茂元《重建岳麓书院记》）。明弘治七年（1494年），陈钢、杨茂元相继重修书院，其时为大门五间，两庑各三间，名其左曰敬义，右曰诚名……又创崇道祠，建尊经阁，基本恢复旧观。正德二年（1507年）毁寺扩院，按风水之需调整门向，贯通轴线，拆除大成殿，另建文庙并列于书院之左，这一格局至今未变。

嘉靖年间，全国书院大兴，岳麓书院的堂、斋、舍、馆、祠、坊均有增建，仿效官学建敬一箴亭于院内。明末清初岳麓书院两次毁于兵，其后重建除继承原有规制外，有较多增建。至光绪年间计有讲堂三，斋舍四，共114间，另有半学斋为山长之居，祠二十九，祠宇之多甲于天下书院。为科甲高中建文昌阁、设岳神庙，直到光绪二十九年（1903年）改为湖南高等学堂而结束书院之制。

中国历来重文轻武、重道轻器、特别是独尊儒学后，教育内容趋于单一，学术思想趋于保守。宋代起形成制度化的书院私学，其教育内容大多仅限于儒学经籍而已。有读书与修养并重，教学与研究结合，学术空气自由，择生

a

b

图11-6 东林书院入口、丽泽堂

坐落于江苏无锡，为明代著名书院，因讽议朝政、裁量人物、摇撼朝廷，于明天启五年（1625年）遭诏毁，后又重修。

不受社会地位限制等优点，但内容很少涉及科技知识。这一弊端有识之士亦有觉察，如明末清初教育家颜元主持漳南书院时，一改陋习，设立文事、武备、经史、艺能四斋，将水、火、工、天文、地理、兵法 、射御、技击等列为教学科目，以贯彻其"实用、实习"的主张。可惜这种列举如凤毛麟角，未成气候，否则随功能之丰富也必然会影响到建筑的形式乃至书院建筑形制的调整与更新。

历史上，书院衰于战乱，衰于朝廷党派之争，衰于清议。地方官学兴，则书院衰；官学衰则书院兴。到了封建社会后期，书院在政府的控制下，学术自由等特点丧失殆尽，于是官学化的书院不但成了科举的台阶，而且在建筑设置上仿效官学，书院特色大减。到了近代，西方文明的传入和科举的废除，旧式书院教育因无法适应时代的需要而改造成新式教育的学堂，书院从而结束千年的历史。幸存书院建筑也成为建筑历史遗产供后人使用、研究。

大事年表

朝代	年号	公元纪年	大事记
唐	贞观九年	635年	四川遂宁首创教学性质的张九宗书院
五代末		959年	江西、福建等地出现少量私学书院
约北宋建隆元年—宣和二年		约960—1120年	地方官学尚未恢复，朝廷采取支持与鼓励发展书院的政策，各地出现一批著名的官助书院。其中白鹿洞书院、应天府书院、嵩阳书院、岳麓书院等受到御书匾额、赐书之殊荣，全国书院蓬勃发展
约北宋宣和三年—南宋建炎四年		约1121—1130年	地方官学恢复与科举相互促进使书院冷落，部分书院改为官学；金宋战火不断，岳麓书院、白鹿洞书院毁于战火
南宋中叶			理学家朱熹、陆九渊、吕祖谦等大力兴办书院，岳麓、白鹿洞等书院得以重建，并新建了许多新书院。南宋书院以学术著称，著名的有武夷、象山、丽泽、岳麓等书院
南宋	庆元二—六年	1196—1200年	韩侂胄及其党羽诬朱熹是伪学罪首，殃及子弟及书院发展
	宝庆—景定年间	1225—1264年	理宗重视书院建设，赐额御书书院再次发展
约南宋咸淳元年—元大德三年		约1265—1299年	各地书院大部分毁于战火
元	元贞—至正年间	约1295—1350年	南宋遗民大多不愿为元做官，纷纷归隐山林，创办书院。元政府采用书院设官、给廪，任命山长直学加以控制，书院走向官学化

大事年表

筑境 中国精致建筑100

朝代	年号	公元纪年	大事记
元末		约1351— 1368年	书院多数毁于战火
明初 百年		1368— 1468年	政府大力兴办地方官学，书院处于沉寂状态
明中	弘治起	1488年起	官学衰退，书院复兴。王守仁、湛若水等学派兴起促进书院发展
明	嘉靖十六— 十七年	1537— 1538年	世宗诏毁书院
	万历七年	1579年	大学士张居正请禁伪学、诏毁天下书院
	万历三十二年	1604年	革职吏部郎中顾宪成在江苏无锡创办东林书院，成为批评政府的中心
明末	天启五年	1625年	诏毁天下东林党书院
	崇祯年间	1628— 1644年	许多书院复毁于兵火
清	顺治九年	1652年	诏令：不许别创书院。颁立《书院条规》卧碑钳制已恢复的书院
	雍正十一年	1733年	因士子埋头功名，书院注重举业，朝廷发布上谕，明令兴建书院
	乾隆年间	1736— 1795年	多次发布上谕，明令由政府控制书院审批、领导和生徒录取
			书院官学化，书院成为科举阶梯
		1850— 1911年	西方文明渗入，教会在大城市建教会书院
	光绪廿七年	1901年	诏书：各省所有书院，于省城均改设大学堂，各府及直隶州均改设中学堂，各州府县均改设小学堂

图书在版编目（CIP）数据

书院建筑／殷永达撰文／殷永达等摄影. —北京：中国建筑工业出版社，2013.10
（中国精致建筑100）
ISBN 978-7-112-15937-6

Ⅰ.①书… Ⅱ.①殷…②殷… Ⅲ.①书院－建筑艺术－中国－古代－图集 Ⅳ.① TU-862

中国版本图书馆CIP 数据核字（2013）第231741号

©中国建筑工业出版社

责任编辑：董苏华 张惠珍 孙立波
技术编辑：李建云 赵子宽
图片编辑：张振光
美术编辑：赵 清 康 羽
书籍设计：瀚清堂·赵 清 周伟伟 康 羽
责任校对：张慧丽 陈晶晶 关 健
图文统筹：廖晓明 孙 梅 骆毓华
责任印制：郭希增 臧红心
材料统筹：方承艺

中国精致建筑100

书院建筑

殷永达 撰文/殷永达等 摄影

中国建筑工业出版社出版、发行（北京西郊百万庄）
各地新华书店、建筑书店经销
南京瀚清堂设计有限公司制版
北京顺诚彩色印刷有限公司印刷

开本：889×710 毫米 1/32 印张：3 插页：1 字数：125 千字
2015年9月第一版 2015年9月第一次印刷
定价：**48.00**元
ISBN 978-7-112-15937-6
（24350）